KB198193

나의 첫 환경책 1

댐을 짓는 자연의 목수 비버

꼬리로 팡팡! 나는야 음악가

이지유 글 | 이갑규 그림

"강아지야, 코만 물 밖으로 내놓고 어서 숨 쉬어!"

강아지 발이 강가에 있는 돌 사이에 끼었어.

강아지는 빠져나오려고 발버둥 쳤어.

내가 앞발 발톱으로 바닥을 긁었지만 돌은 움직이지 않았어.

강아지 몸을 잡고 물갈퀴가 있는 뒷발로 힘껏 물을 찼지만, 그것도 소용없었어.

"살려 주세요! 살려 주세요!"

나는 넓적한 꼬리로 물을 내리치며 소리쳤어.

강아지는 이제 움직이지 않았지. 너무 무서웠어.

그때 커다란 동물이 아주 큰 소리가 나는

나뭇가지를 들고 다가오기 시작했어.

"탕, 탕!"

한 번도 맡아 보지 못한 나쁜 냄새가 났어.

"으악!"

나는 소리를 지르며 일어났어.

이게 무슨 꿈이람?

안녕! 내 이름은 둥둥, 나는 비버야.

여기가 우리 집이야.

어디선가 물이 졸졸 흐르는 소리가 들리지?

그건 우리 집이 강 가운데 있어서야.

집이 떠내려가면 어쩌냐고?

걱정 마! 우리 집은 세상에서 가장 튼튼한 댐과

함께 있어서 절대 떠내려가지 않아.

엄마는 항상 말했어.

“둥둥아, 비버에게 가장 중요한 건 댐이야.

댐이 있어야 집도 있고, 식량 창고도 있고, 우리 가족이 있는 거야.

튼튼한 댐을 만들려면 나무를 잘 골라야 한단다.”

엄마는 나무를 어떻게 잘라야 하는지도 가르쳐 주었어.

그 방법은 아주 간단해. 위아래 두 개씩 난 단단한 앞니로

어떤 나무라도 다 갉아서 쓰러트릴 수 있거든.

아빠도 항상 말했어.

"둥둥아, 댐이나 집을 지을 때는 나뭇가지 사이에
진흙을 적당히 발라야 해. 너무 많지도 적지도 않게!
그래야 물이 새지 않고 무너지지 않는단다."

비가 오는 날에는 엄마, 아빠의 특별 수업이 있어.

“비가 오면 강 위쪽에서 내려오는 물이 많아서

댐이 무너질 수도 있어. 그러니 특별히 잘 살펴야 해!”

부모님은 주거니 받거니 말해.

“물론 우리가 댐을 잘 만든 덕분에

강 상류에 넓은 습지가 생겨서 홍수가 나지는 않아.”

“암, 그렇고말고. 넓은 습지가 물을 많이 품을 수 있으니까.”

비버 댐이 강물을 막으면

물의 흐름이 느려지면서 상류에 습지가 생겨.

그러면 비가 아주 많이 와도

넓은 습지가 물을 빨아들이니 홍수가 나지 않는대.

엄마 아빠 말은 그게 다 우리 비버 덕분이다, 이거지.

예, 예, 엄마, 아빠, 정말 훌륭해요!

아, 댐, 댐, 댐, 정말 지겨워.

이제 슬슬 나가 볼까?
우리 집 문은 바닥에 있어.
비버 집 바닥에는 물이 고인 웅덩이가
하나 또는 두 개 있는데,
그게 문이야.

웅덩이로 뛰어들면 좁은 통로를 지나 강과 바로 이어져.
통로가 좁아서 곰이나 늑대 같은 덩치 큰 동물은 못 들어오지.

우아, 저기 물고기 친구들이 보인다!

“송송아, 안녕.”

“둥둥아, 안녕.”

송송이는 송어인데, 나를 알아주는 단 하나의 친구야.

비버라면 보통 밤에 많이 움직이고 안전한 물속을 좋아하지만,

나는 낮에 땅 위를 돌아다니는 게 재미있어.

물 밖에서 나는 소리와 햇빛이 너무 좋거든.

부모님은 위험하다고 하지만 좋은 걸 어떡해.

나는 댐 만드는 것보다 음악을 만드는 게 더 좋아.
새가 노래를 부를 때 그 소리에 맞춰
꼬리로 물을 치면 멋진 음악이 탄생한다고!
정말 근사하지 않아?

참, 비버의 꼬리치기에 대해 알려 줄게.
비버의 꼬리는 넓적한 노처럼 생겼어.
꼬리가 넓적하다 보니 물을 내리칠 때 아주 큰 소리가 나.
이 소리는 물속에서 더 크게 들리고, 더 빨리 퍼져 나가.
그래서 비버는 위험한 일이 생겼을 때 꼬리를 내리쳐서 주변에 신호를 보내.
늑대나 곰이 나타났을 때 얼른 집으로 가라고 알려 주는 거야.

그런데 이렇게 멋진 꼬리로 겨우 위험 신호만 보내다니,
너무 아깝지 않아? 그래서 내가 꼬리로 멋진 음악을 만드는 거라고.

한번은 내가 마음먹고 꼬리로 물을 내리쳤는데, 천둥 같은 소리가 나지 뭐야.
소리가 어찌나 큰지 다른 강줄기에 사는 비버 가족이 도망갈 정도였어.
습지에 있는 새는 모두 놀라 하늘로 날아올랐고,
물고기들도 놀라서 달아나다 비늘이 떨어지기도 했대.
세상에 이런 소리를 낼 수 있는 비버는 나뿐이야!

그날 오후, 엄마와 아빠는 돌아가며 한마디씩 했어.

"꼬리로 물을 쳐서 위험 신호를 보내는 건 어른 비버만 할 수 있어."

"넌 아직 어려. 자꾸 장난치면 네 신호를 아무도 안 믿을 거야!"

나는 칭찬을 듣기는커녕 혼만 났어.

댐 상류에 있는 습지 동쪽에는
작은 조약돌이 깔린 곳이 있어.
조약돌은 물결이 칠 때 구르면서 소리를 내.

도르르, 도르르.

그래서 송송이와 나는 그 돌을
'노래하는 돌'이라고 부르기로 했어.
송송이가 말해 주었는데,
원래 이곳은 습지가 아니라 육지였대.
그런데 부모님이 댐을 짓자 물이 차오르기 시작했고,
결국 이곳도 습지의 일부가 되었던 거지.
물에 잠긴 조약돌이 노래를 부르기 시작했고 말이야.

중요한 건 송어들이 이곳에 와서 알을 낳는다는 점이야.
예전에는 강 한가운데 바위 근처에 송어가 알을 낳았는데,
비가 오면 모두 쓸려 내려가 새끼가 태어나지 않았대.
하지만 습지가 생기자 비가 와도 알이 떠내려가지 않았고,
그때부터 새끼들이 많이 태어났대. 덕분에 송송이도 태어났고 말이야.

송송이와 나는 별다른 약속을 하지 않아도
이곳에서 만나 이야기를 나눠.

"엄마, 아빠는 댐 만드는 이야기만 해."
"그야 댐이 중요하니까."
"신나는 리듬과 아름다운 음악도 중요해!
나는 오직 나만 할 수 있는 일을 해서 부모님에게 인정받고 싶어."

솔직히 어른 비버들이 하는 꼬리치기 신호는 엉망이야!
칠 때마다 소리가 다르잖아.

나는 짧고 긴 박자를 섞어 만든 위험 신호를
물속 친구들에게 알려 주었어.
팡팡팡 파앙 파앙 팡팡팡
고맙다는 말도 신호로 만들었지.
파앙 팡팡 파앙

짧게 팡, 길게 파앙
우리는 근사한 노래를 만들어
신나게 춤추며 놀았어.

어느 날 노래하는 돌이 있는 곳에서
송송이와 놀고 있는데 이상한 소리가 들렸어.

첨벙첨벙, 첨벙첨벙.

저쪽에서 두 다리로 걷는 동물이 성큼성큼 다가왔어.
그건 말로만 듣던 인간이었어!
엄마가 가까이 가지 말라고 했던 동물이지.

나는 강 안쪽으로 도망쳐 머리를 물 밖으로 내밀고 지켜봤어.

그랬더니 인간이 무언가를 물 위로 던졌다 끌어 올리는데,

그 속에 송어들이 펄떡이고 있었어.

나는 너무 무서워서 움직일 수 없었어.

그러다 나는 송송이가 옆에 없다는 걸 깨달았어.

혹시 송송이가 잡혔을지도 모른다고 생각하니 더 겁이 났어.

그때 송송이가 저 멀리에서 나를 불렀어.

송송이를 보고 안심이 되자 나는 꼬리로 물을 치기 시작했어.

송어들은 위험 신호를 알아듣고 인간이 없는 곳으로 달아났어.

우아! 나는 너무 기뻤어.

내가 만든 꼬리치기 신호가 송어를 위험에서 구했으니까.

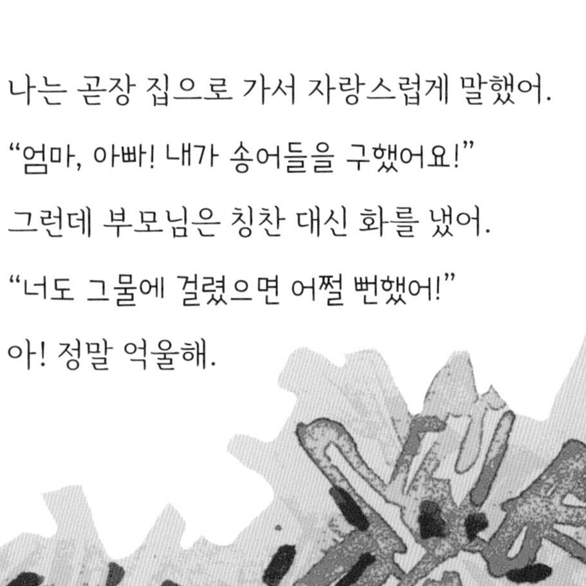

나는 곧장 집으로 가서 자랑스럽게 말했어.

"엄마, 아빠! 내가 송어들을 구했어요!"

그런데 부모님은 칭찬 대신 화를 냈어.

"너도 그물에 걸렸으면 어쩔 뻔했어!"

아! 정말 억울해.

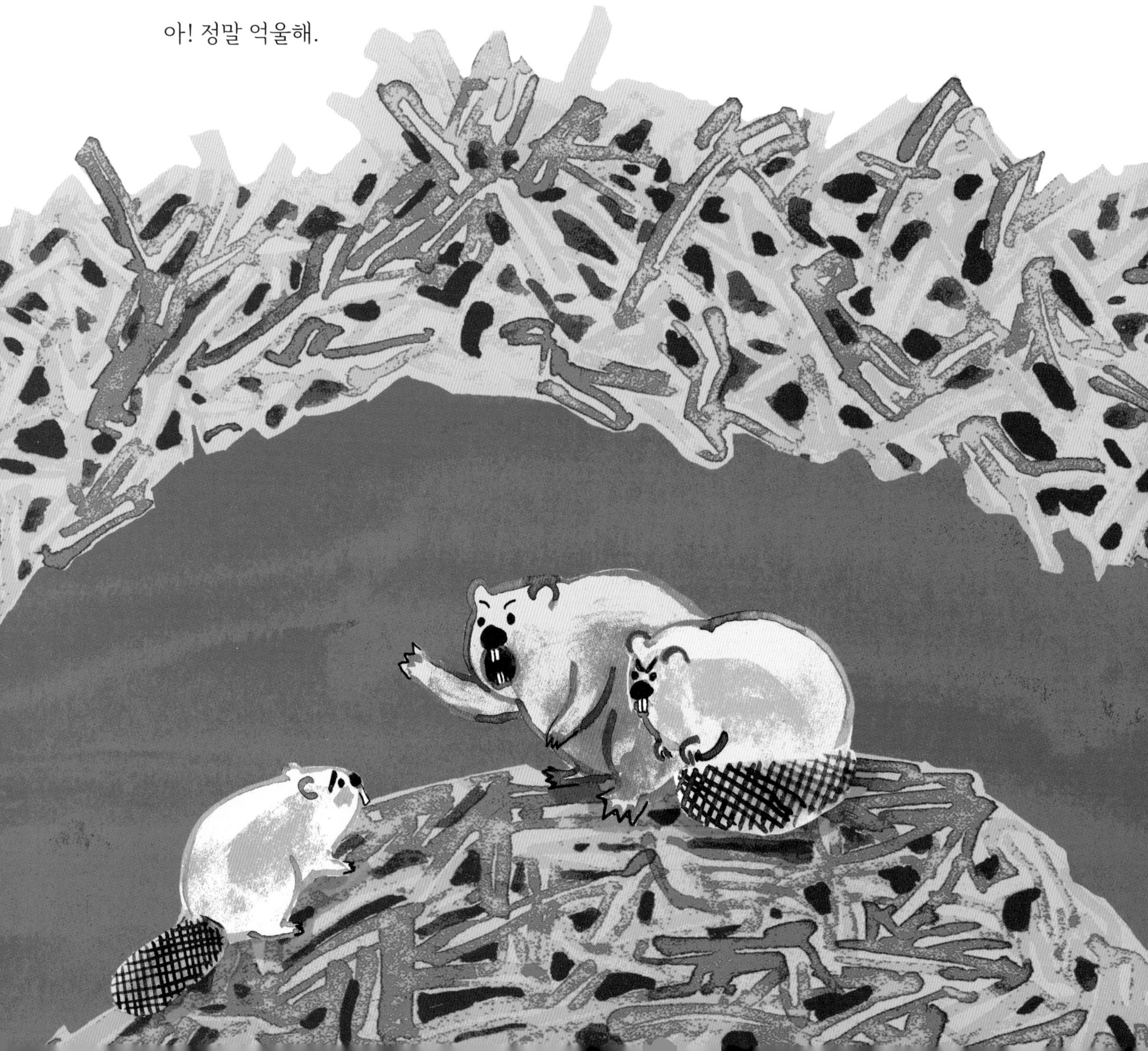

엄마, 아빠,
나는 멀찍이 떨어져 있었어요.
제가 꼬리로 위험 신호를 보내서
물고기들이 도망쳤어요.

신호 보낼 시간에 더 멀리 갔어야지!
이미 충분히 멀리 있었다고요.
엄마, 아빠는 왜 칭찬을
안 해 주세요?

꼬리치기는 더 커서 해도 돼.
꼬리로 물만 치면 댐이 나오니?
나는 내가 만든 신호와
노래가 댐보다
더 좋아요!

친구를 구하고도 혼만 나다니,
너무 화가 나서 나도 모르게
소리를 버럭 질렀어.
그리고 집을 나와 빠르게 헤엄쳤지.

얼마나 헤엄쳤을까?

해는 지고 둥근 보름달이 세상을 밝히고 있었어.

달을 보고 있으니 슬퍼서 눈물이 났어.

첨벙첨벙, 첨벙첨벙.

인간들이 걷는 소리가 났어.

늑대를 닮은 개도 달려왔어.

나는 깜짝 놀라서 얼른 물속 깊이 들어가 숨었어.

비버는 물속에서 15분이나 숨을 참을 수 있어.

물속에 숨어 올려다보는데, 커다란 그림자가 내 머리 위로 지나갔어.

그건 바로 인간들이 타고 있는 배였지.

나는 무서웠지만 조용히 배를 따라갔어.

며칠 전에 비가 왔기 때문에 습지에는 물이 많이 찼어.

배는 삐죽 솟은 죽은 나무를 요리조리 피하며 나아갔어.

비버 댐으로 생겨난 습지에는 가지나 잎이 안 달린 나무가 많아.

나는 소리 내지 않고 배를 따라갔어.

그런데 내 냄새를 맡은 개가 킁킁대며 배 뒤쪽으로 왔어.

나는 화들짝 놀라 얼른 물속으로 숨었어.

“잠깐만 숨지 마. 너 저 아래 비버 댐에 살지?”

“너, 나를 알아?”

“물론이지! 넌 날 기억 못 하는구나.”

개가 나를 알고 있다는 말에

살짝 고개를 들고 개를 유심히 봤어.

참 이상해.

나는 개를 가까이에서 본 적이 없는데,

왜 낯이 익을까?

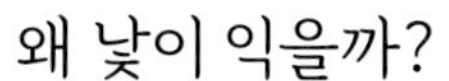

"작년 이맘때쯤 강바닥에 있는 돌 사이에
발이 낀 적이 있는데, 네가 와서 날 구했어."
"내, 내가?"

"응. 네가 그 꼬리로 물을 팡팡 내리쳐서 큰 소리를 냈거든.
내 주인은 그 소리를 듣고 나를 찾았어."
나는 이제야 내가 꾼 꿈이 실제로 있었던 일이라는 걸 알았어.

"그날 내 주인은 비버를 사냥하러 나왔어. 오늘처럼!"

아니, 이게 무슨 소리야.

그래서 엄마, 아빠가 인간에게

가까이 가지 말라고 한 거였구나.

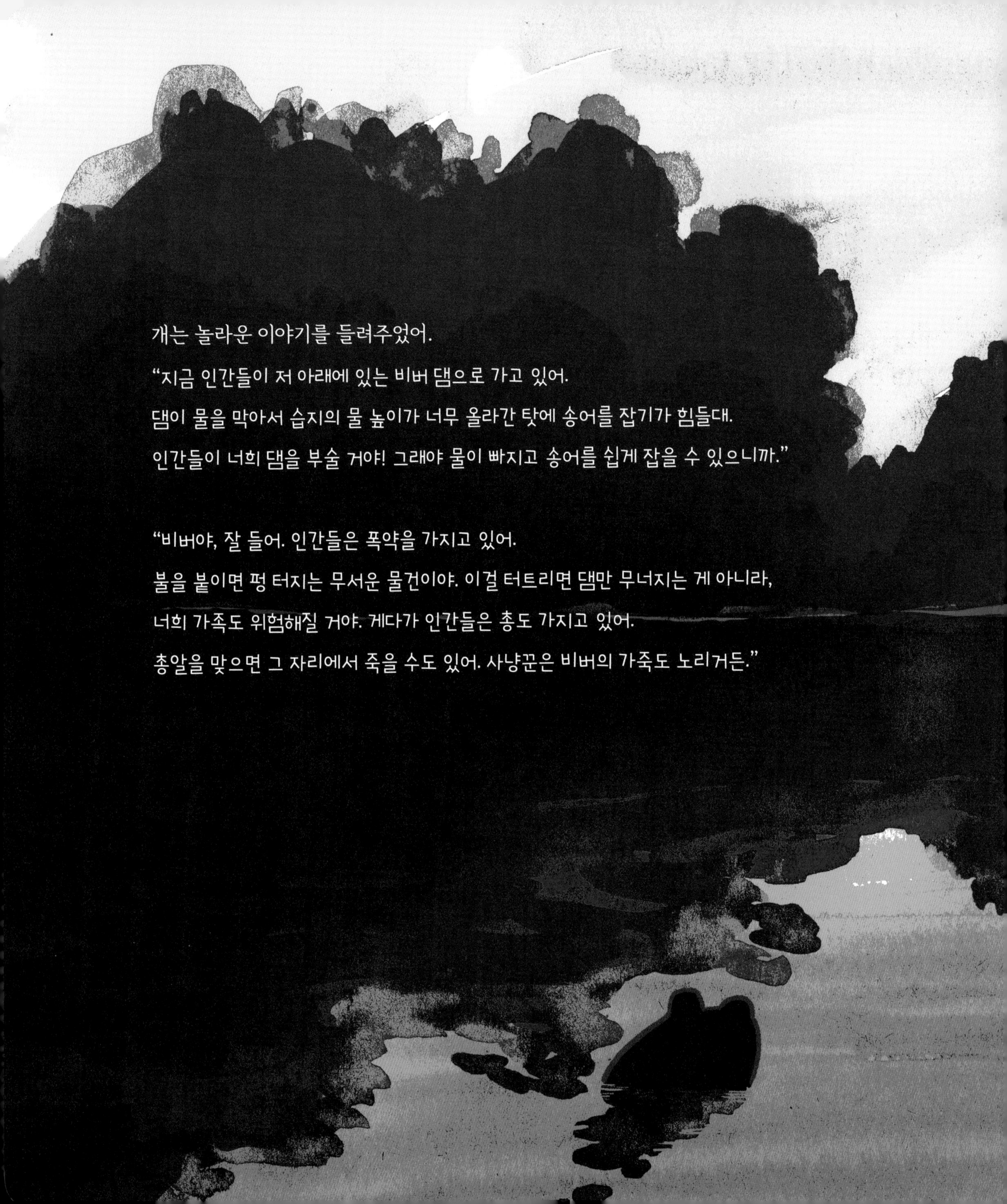

개는 놀라운 이야기를 들려주었어.

"지금 인간들이 저 아래에 있는 비버 댐으로 가고 있어.
댐이 물을 막아서 습지의 물 높이가 너무 올라간 탓에 송어를 잡기가 힘들대.
인간들이 너희 댐을 부술 거야! 그래야 물이 빠지고 송어를 쉽게 잡을 수 있으니까."

"비버야, 잘 들어. 인간들은 폭약을 가지고 있어.
불을 붙이면 펑 터지는 무서운 물건이야. 이걸 터트리면 댐만 무너지는 게 아니라,
너희 가족도 위험해질 거야. 게다가 인간들은 총도 가지고 있어.
총알을 맞으면 그 자리에서 죽을 수도 있어. 사냥꾼은 비버의 가죽도 노리거든."

개의 말을 들으며 배를 따라가다 보니

저 앞에 비버 댐이 보이기 시작했어.

“고마워. 나는 얼른 가서 우리 가족을 구해야 해!”

지금 헤엄쳐서 집에 가도 가족들을 모두 흔들어 깨울 시간이 없어.

나는 꼬리로 있는 힘껏 물을 내리쳤어.

코를 골며 잠을 자던 부모님과 형제들은 이 소리를 듣고 벌떡 일어났지.

이 강과 습지에 사는 동물이라면 위험 신호를 모두 알고 있거든.

“엄마, 아빠! 큰일 났어요. 인간이 우리 집을 부수러 와요!

습지에 있는 물을 빼서 송어를 잡으려는 거예요.”

내 말을 들은 엄마, 아빠는 깜짝 놀라 소리쳤어.

“물을 빼려고 우리 댐을 폭파하는 거라면 우리가 먼저 물을 빼자!”

엄마, 아빠는 댐 한쪽 끝을 막고 있던 나뭇가지들을 치우기 시작했어.

그러자 세찬 물소리와 함께 물이 빠져나갔지.

그사이 인간의 배가 댐 가까이 왔어.

개는 허물어진 댐 사이로 물이 빠지는 걸 보고 마구 짖었어.

인간들은 물이 빠지는 걸 보고도 폭탄을 설치하려고 했지.

나는 우리 집이 사라질까 봐 무서웠고,

우리를 손쉽게 죽일 수 있는 인간이 무서웠어.

그때 개가 짖으며 펄쩍펄쩍 뛰기 시작했어.

그러자 배가 뒤집히고 말았지.
인간들은 물에 빠졌고,
폭탄도 그대로 물에 가라앉았어.
나는 개에게 고맙다는 뜻을 담아
꼬리로 파앙 팡팡 파앙 물을 쳤어.

겨울이 가고 봄이 왔어.

오늘은 내가 집을 떠나는 날이야.

참 이상하지. 지난가을만 하더라도 집을 떠나는 건 생각도 못 했는데,

겨울이 지나고 봄이 오니 어딘가로 막 떠나고 싶은 마음이 들어.

엄마, 아빠는 걱정이 되는지 또 잔소리야.

"강을 따라 내려가다 보면 마음에 드는 곳이 있을 거야. 그곳에 댐을 만들어!"

"겨울에 먹을 식량을 저장하는 거 잊지 말고! 꼬리치기도 자주 해라."

우리는 여러 가지 신호를 만들었어.

꼬리로 물을 내리쳐서 내 소식을 전할 수 있도록 말이야.

"우리 소식은 송송이 편에 보낼게."

부모님은 송어나 연어가 원하면 댐 한쪽을 열어 물길을 내주기로 했어.

그러면 물고기들이 강의 상류와 하류를 자유롭게 오갈 수 있거든.

게다가 송송이는 제법 몸집이 커져서 먼 길도 거뜬히 헤엄칠 수 있어.

"둥둥아, 잘 가. 새집에 놀러 갈게."

"송송아, 꼭 놀러 와.

엄마, 아빠 안녕히 계세요!"

나는 시원한 강물을 타고 하류로 내려갈 거야.

적당한 자리에 댐을 만들고,

노래하는 돌이 있는 얕은 물을 찾아 음악회를 열 거야.

그때 모두 올 거지?

나의 첫 동물 탐구

땅과 물속을 오가는

비버

동물 이름	비버
크기	몸길이 60~70센티미터, 꼬리길이 30~40센티미터
먹이	나무껍질, 나뭇잎, 수생 식물
분포 지역	북아메리카, 유럽, 아시아
서식 장소	강, 하천, 호수, 늪

1

비버는 쥐목에 속한 설치류예요.

지구상에는 **북아메리카 비버**와 **유라시아 비버**가 살고 있는데, 북아메리카 비버가 조금 더 커요. 남아메리카에 사는 카피바라가 없었다면 비버가 지구에서 가장 큰 설치류가 되었을 거예요.

튼튼한 이를 가진 비버

2

비버의 이에는 철분이 많아요.

그래서 주황색으로 보이지요. 이가 아주 튼튼해서 나무를 쉽게 갉아 내요. 비버의 이는 평생 자라기 때문에 날마다 나무를 갉아 이를 잘 다듬어야 해요.

3

비버는 꼬리로 물을 때려서 위험 신호를 보내요.

위험을 감지한 어른 비버가 꼬리로 물을 내리치면 나머지 비버는 그 소리를 듣고 안전한 곳으로 도망가고, 적은 그 소리에 놀라 겁을 먹지요.

8

비버의 가장 큰 천적은 인간이에요.

인간은 비버의 가죽과 고기,
향수의 원료로 쓸 분비물을 얻기 위해 비버를 죽여요.
그래서 한때 유라시아 비버는 멸종 위기에 처했지만,
이제는 비버 사냥을 법으로 금지하고 있어요.
다행스럽게 비버의 수는 조금씩 늘고 있어요.

7

비버는 댐에 집도 지어요.

비버의 집에 들어가려면 물속에 있는 입구를 찾아야 해요.
비버의 집은 단열이 잘 되어 있어 겨울에도 따뜻하고,
천장에 구멍이 있어서 공기가 잘 통해요.
바닥에는 나무 조각을 깔아 푹신한 잠자리를 만들지요.

물속에서 헤엄치는 비버

6

비버는 나뭇가지와 진흙을 섞어 댐을 만들어요.

비버가 만든 댐은 강 상류에 물을 가두어서
주변의 생태 환경을 풍부하게 만들어요.
여러 가지 수생 식물은 물론 물고기의 종과 수가
늘지요. 비버는 서식지 환경을 바꾸는
훌륭한 동물이에요.

5

비버는 수영을 잘해요.

허파가 커서 숨을 오래 참을 수 있고,
발에 물갈퀴가 있어서 아주 빠른 속력으로
수영할 수 있어요. 꼬리가 방향타 역할을 해서
마음먹은 대로 방향을 조절하지요.

4

비버는 나무를 먹어요.

나무껍질과 그 아래에 있는 부드러운 부분을 먹어요.
버드나무, 자작나무, 단풍나무 등을 먹고,
겨울을 대비하기 위해 나뭇가지를 댐에 쌓기도 하지요.
비버는 앞발을 잘 써서 두 앞발로 나무를 잡고 먹어요.

자연을 깨끗하게 만드는 습지

지구상의 생물은 물이 없으면 살아갈 수 없어요.
육지에 사는 생물에게는 소금이 섞이지 않은 민물이 꼭 필요해요.
민물은 먹는 물, 농업, 운송, 전기를 만드는 데 쓰이거든요.
이처럼 중요한 민물은 호수, 강, 개울, 습지에 있어요.
습지는 민물로 채워진 곳이나 민물과 바닷물이 만나는 곳에 생겨요.
물기가 많은 축축한 땅인 습지에는 다양한 생물이 살고 있어요.
게다가 10억 명이 넘는 사람이 습지를 삶의 터전으로 삼고 있지요.
하지만 지난 300여 년 동안 전 세계 습지의 20퍼센트 가량이 사라졌어요.
습지가 사라지면 많은 생물이 삶의 터전을 잃어요. 사람도 마찬가지고요.

우리나라 최대 규모의 자연 내륙 습지, 우포늪

습지에는 고유한 생태계가 구성되어 있어요.
오리나 거위, 물떼새처럼 먼 거리를 이동하는 새는 습지에서 쉬어요.
비버와 수달은 습지에서 살며 먹이를 찾지요. 당연히 수많은 물고기도 습지에 살아요.
습지는 중금속이나 오염 물질을 토양에 가두어 물을 맑게 만들어요.
또한 식물이 질소를 흡수하기 쉬운 형태로 바꾸는 역할도 해요.
질소가 있어야 식물이 푸른 잎을 유지할 수 있고, 초식 동물은 이 잎을 먹으며 살아가요.
습지는 박테리아를 분해해서 전염병을 막아요.
그래서 사람들은 대도시 주변에 일부러 습지를 만들어 환경을 정화하려고 하지요.
습지는 탄소를 흡수하는 능력도 뛰어나요.
열대 우림보다 50배 많은 이산화 탄소를 저장할 수 있어서 온실 효과를 막아 주어요.
습지가 사라지면 생물의 다양성이 사라지는 것은 물론이고,
홍수나 가뭄이 생길 위험이 더 커져요. 그 결과 인간의 삶도 어려워지지요.
그러니 비버를 살리는 것은 습지를 살리고 나아가 인간을 살리는 일이에요.

우리나라 최초의 대규모 인공 습지, 안산 갈대습지

제주 1100고지 습지에서 헤엄치는 흰뺨검둥오리

글 이지유

서울대학교에서 지구과학교육과 천문학을 공부했습니다. 어린이와 청소년을 위한 과학 글을 쓰고 좋은 책을 찾아 우리말로 옮기는 일을 합니다. 지은 책으로《용감한 과학자들의 지구 언박싱》,《집요한 과학자들의 우주 언박싱》,《식량이 문제야!》,《내 이름은 파리지옥》,《별똥별 아줌마가 들려주는 과학 이야기》 시리즈 등이 있고, 옮긴 책으로는《이상한 자연사 박물관》,《꿀벌 아피스의 놀라운 35일》 등이 있습니다.

그림 이갑규

대학에서 그림을 공부하고 대학원에서 시를 공부하고 있습니다.《진짜 코 파는 이야기》로 제55회 한국출판문화상을 수상하고, 2017년 IBBY 세계장애아동을 위한 그림책에 선정되었습니다. 쓰고 그린 책으로《진짜 코 파는 이야기》,《방방이》,《무서운 이야기》,《우리 아빠 ㄱㄴㄷ》,《여름밤의 불청객》,《늦가을 골칫덩이》가 있고, 다수의 어린이책에 그림을 그렸습니다.

나의 첫 환경책 1 — **꼬리로 팡팡! 나는야 음악가**

1판 1쇄 발행일 2025년 1월 27일

글 이지유 | **그림** 이갑규 | **발행인** 김학원 | **편집** 박현혜 | **디자인** 장혜미

저자·독자 서비스 humanist@humanistbooks.com | **용지** 화인페이퍼 | **인쇄** 삼조인쇄 | **제본** 다인바인텍

발행처 휴먼어린이 | **출판등록** 제313-2006-000161호(2006년 7월 31일) | **주소** (03991) 서울시 마포구 동교로23길 76(연남동)

전화 02-335-4422 | **팩스** 02-334-3427 | **홈페이지** www.humanistbooks.com

사진 출처 안산 갈대습지 ⓒ 경기관광포털

글 ⓒ 이지유, 2025 그림 ⓒ 이갑규, 2025

ISBN 978-89-6591-598-0 74400

ISBN 978-89-6591-597-3 74400(세트)

• 이 책은 저작권법에 따라 보호받는 저작물이므로 무단 전재와 무단 복제를 금합니다.

• 이 책의 전부 또는 일부를 이용하려면 반드시 저작권자와 휴먼어린이 출판사의 동의를 받아야 합니다.

• **사용연령 6세 이상** 종이에 베이거나 긁히지 않도록 조심하세요. 책 모서리가 날카로우니 던지거나 떨어뜨리지 마세요.